超级简单

意大利面酱

［法］阿娜伊斯·沙博　著　　［法］里夏尔·布坦　摄影
李悦　译

<tr>U0353138</tr>

北京出版集团公司
北京美术摄影出版社

目 录

注：本书食材图片仅为展示，不与实际所用食材及数量相对应

速成番茄酱

 25 分钟

 15~17 分钟

 4 人份

圣女果 10 个

洋葱 1 个

○ 将圣女果洗净、去皮，切成小块。将大蒜去皮，切成两半。将洋葱去皮，切成小块。

○ 在平底锅里倒入橄榄油，用中火加热，放入洋葱块和大蒜，来回煸炒几分钟。

大蒜 2 瓣

百里香 2~3 小枝

○ 加入圣女果块和百里香。然后用中火慢炖 12~15 分钟。

○ 最后用盐和胡椒调味。

橄榄油少量

橄榄罗勒番茄酱

 20 分钟

 15 分钟

☺ 4 人份

洋葱 1 个

罗勒叶 15 片

○ 将洋葱去皮，切成小块。挑选并洗净罗勒叶。将帕尔玛奶酪擦成碎片。

番茄泥 400 毫升

希腊橄榄 20 颗

○ 平底锅开小火，倒入橄榄油并放入洋葱块，来回煸炒几分钟。然后倒入番茄泥，加入希腊橄榄和罗勒叶。用小火炖 10~12 分钟。

○ 混入意大利面，撒上帕尔玛奶酪碎片，并用盐和胡椒调味。

帕尔玛奶酪 20 克

橄榄油少量

火辣番茄酱

 25 分钟

 15 分钟

 4 人份

圣女果 10 个

希腊橄榄 20 颗

○ 将洋葱去皮，切成薄片。将圣女果洗净、去皮，并切成小块。

○ 在平底锅里放入圣女果块、洋葱片、辣酱油、辣椒粉和希腊橄榄，中火炖大约 15 分钟。

○ 最后用盐和胡椒调味。

辣椒粉半茶匙

糖 1 汤匙

洋葱 1 个

辣酱油 3 汤匙

西葫芦番茄酱

 25 分钟

 15~17 分钟

 4 人份

圣女果 10 个

烧烤酱 40 毫升

○ 大蒜去皮，切为两半。清洗西葫芦，擦成细丝。清洗圣女果，去皮，切成小块。

○ 平底锅开中火加热，倒入橄榄油、圣女果块、大蒜和烧烤酱，炖 10~12 分钟。

○ 加入西葫芦丝，再用小火煮 5~7 分钟。

○ 用盐和胡椒调味。上桌时撒上格鲁耶尔奶酪碎。

大蒜 2 瓣

西葫芦 1 个

格鲁耶尔奶酪碎 60 克

橄榄油少量

番茄意面酱

烤甜椒番茄酱

 30 分钟

 20 分钟

 4 人份

速冻烤甜椒 300 克

圣女果 8 个

○ 大蒜去皮，切成两半。圣女果去皮，切成小块。将帕尔玛奶酪擦成碎片。

大蒜 3 瓣

橄榄油少量

○ 平底锅开中火加热，倒入橄榄油、圣女果块、大蒜和迷迭香，炖约 12 分钟，加入速冻烤甜椒，再煮约 5~8 分钟。用盐和胡椒调味。

○ 上桌前，撒上帕尔玛奶酪碎片。

迷迭香 3 枝

帕尔玛奶酪 25 克

香肠奶酪番茄酱

 25 分钟

 15～17 分钟

 4 人份

圣女果 10 个

西班牙辣味小香肠
60 克

玉米粒 140 克

迷迭香 2 枝

里科塔奶酪 125 克

橄榄油少量

○ 清洗圣女果，去皮，切成小块。西班牙辣味小香肠切片。

○ 在平底锅里，倒入橄榄油，用中火加热，放入西班牙辣味小香肠片，来回煸炒几分钟。

○ 加入圣女果块、迷迭香和玉米粒。用中火煮 12～15 分钟，再用盐和胡椒调味。

○ 最后在意面表面放上里科塔奶酪，上桌前不要混合。

番茄意面酱

香草番茄酱

 20 分钟

 拌匀即可

 4 人份

小洋葱头 2 个

欧芹 4 根

○ 将小洋葱头去皮，切成薄片。将欧芹洗净，修剪好。清洗千禧果，每个千禧果切成 4 块。

○ 在一个大碗里，放入千禧果块，用手挤压，挤出汁水。然后放入欧芹叶、小洋葱头片、橄榄油、盐和胡椒，混合均匀。

千禧果 40 个（280 克）

橄榄油少量

奶酪番茄酱

 20 分钟

 3~4 分钟

 4 人份

圣女果干 290 克

刺山柑花蕾 3 汤匙

莫泽雷勒奶酪球 125 克

带核绿橄榄 15 颗

○ 从瓶中取出圣女果干，保留瓶里的油。将圣女果干切成小块，加入 4 汤匙浸泡圣女果干的油。

○ 在平底锅里，用中火加热带油圣女果干块，大约 3 分钟。倒入意面，再加入刺山柑花蕾和带核绿橄榄。

○ 最后加入莫泽雷勒奶酪球，加胡椒调味。

快手版番茄肉酱

 35 分钟

 20～25 分钟

 4 人份

牛肉糜 125 克

番茄罐头 400 克

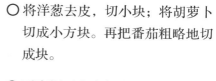
○ 将洋葱去皮，切小块；将胡萝卜切成小方块。再把番茄粗略地切成块。

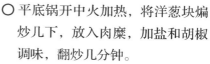
○ 平底锅开中火加热，将洋葱块煸炒几下，放入肉糜，加盐和胡椒调味，翻炒几分钟。

洋葱 1 个

胡萝卜 130 克

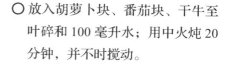
○ 放入胡萝卜块、番茄块、干牛至叶碎和 100 毫升水；用中火炖 20 分钟，并不时搅动。

干牛至叶碎 2 汤匙

橄榄油少量

大师级番茄肉酱

 35 分钟

 20~25 分钟

 4 人份

牛肉糜 200 克

番茄罐头 300 克

○ 将洋葱去皮，切小块；洗净并修剪罗勒叶；将番茄粗略地切成块。

洋葱 1 个

红葡萄酒 130 毫升

○ 在平底锅里，用中火加热，将洋葱块加 50 毫升水翻炒几分钟，放入牛肉糜，用盐和胡椒调味，翻炒 2~3 分钟。

○ 再放入番茄块、百里香、罗勒叶和红葡萄酒。中火炖 20 分钟，并不时搅动。

罗勒叶 10 片

百里香 3 枝

番茄肉酱和卡博纳拉酱

奶酪番茄肉酱

 30 分钟

 25 分钟

 4 人份

牛肉糜 200 克

千禧果 250 克

○ 将洋葱去皮，切小块；洗净千禧果；将米莫雷特奶酪切成小块。

洋葱 1 个

速冻南瓜块 200 克

○ 平底锅开中火加热，将洋葱块加 100 毫升水翻炒几分钟。放入牛肉糜，用盐和胡椒调味、搅拌。加入速冻南瓜块、千禧果和干罗勒叶碎。中火炖 20 分钟，并不时搅动。

○ 上桌时，加入米莫雷特奶酪块。

干罗勒叶碎 1 汤匙

米莫雷特奶酪 60 克

酸甜丸子酱

 25 分钟

 15 分钟

 4 人份

牛肉糜 350 克

大蒜 3 瓣

○ 将牛肉糜用手揉成 12 个丸子。

○ 在平底锅里倒一点橄榄油，小火煸炒大蒜几分钟。放入丸子，有规律地翻面，煎 5 分钟。然后倒入番茄泥和酸甜酱，再加入百里香。放在一起炖 10~12 分钟。

○ 上桌前，用盐和胡椒调味。

番茄泥 700 克

酸甜酱 80 毫升

百里香 3~4 枝

橄榄油少量

奶油卡博纳拉酱

 15 分钟

 7～10 分钟

 4 人份

鸡蛋黄 3 个

肥肉丁 120 克

○ 将欧芹洗净，粗略地切碎。将帕尔玛奶酪切碎。

○ 平底锅开中火加热，煸炒肥肉丁，待其变为金黄色后，取出，放在一旁待用。

○ 在沙拉碗里，趁热倒入煮好的意面和鲜稠奶油，搅拌，再一点点掺入鸡蛋黄，混合均匀。

帕尔玛奶酪 40 克

欧芹 3 枝

○ 最后，放入帕尔玛奶酪碎、肥肉丁和欧芹碎。用盐和胡椒调味。

鲜稠奶油 50 毫升

番茄肉酱和卡博纳拉酱

奶酪卡博纳拉酱

 15 分钟

 7~10 分钟

 4 人份

鸡蛋黄 3 个

肥肉丁 120 克

格鲁耶尔奶酪碎 50 克

细香葱半把

○ 将细香葱洗净，剪成葱末。

○ 平底锅开中火加热，煸炒肥肉丁，待其变为金黄色后，取出，放在一旁待用。

○ 在沙拉碗里，倒入热意面和鸡蛋黄。细致地搅拌。

○ 放入格鲁耶尔奶酪碎、肥肉丁和 2 汤匙细香葱末。用盐和胡椒调味。

黄油意面酱

大蒜欧芹黄油酱

黄油 100 克

欧芹 2~3 枝

 5 分钟

 5 分钟

 4 人份

○ 将大蒜去皮，切成小圆片。洗净并剪碎欧芹。

○ 将黄油切成片，用文火加热融化。用勺子撇去黄油表面的白色浮沫。放入大蒜片和欧芹碎，再用文火加热 1~2 分钟。

○ 用盐和胡椒稍加调味。

大蒜 2 瓣

黄油意面酱

奶油蛋黄酱

 20 分钟

 10 分钟

 4 人份

黄油 30 克

面粉 30 克

○ 按照蔬菜汤料块包装上的使用说明准备菜汤。

○ 平底锅开小火，将切成小块的黄油融化。加入面粉，并用打蛋器搅拌 1~2 分钟。

牛奶 300 毫升

格鲁耶尔奶酪碎 20 克

○ 一点一点地加入牛奶和 50 毫升菜汤，搅拌大约 5 分钟。酱汁会变得浓稠。

○ 加入肉豆蔻、盐、胡椒和格鲁耶尔奶酪碎。开小火使其融化、混合。尽快上桌。

蔬菜汤料块 1 块

肉豆蔻少许

豌豆奶酪酱

 10 分钟

 5 分钟

 4 人份

黄油 100 克

龙蒿 4 枝

速冻豌豆 190 克

莫泽雷勒奶酪 250 克

○ 清洗并粗略地切碎龙蒿。将莫泽雷勒奶酪切成大块。

○ 按照包装袋上的说明煮速冻豌豆，然后沥干。

○ 平底锅开小火，将切成小块的黄油融化。当黄油化成榛子大小时，关火，放入豌豆。

○ 最后将豌豆黄油酱倒在意面上，加入莫泽雷勒奶酪块，撒上龙蒿碎。用盐和胡椒调味。

黄油意面酱

柠檬罗勒酱

 5 分钟

 5 分钟

 4 人份

黄油 100 克

柠檬 1 个

罗勒叶 5 片

○ 压榨柠檬汁。将罗勒叶洗净、剪碎。

○ 平底锅开小火，将切成片的黄油融化。用勺子撇去黄油表面的白色浮沫。

○ 倒入 1.5 汤匙柠檬汁，放入罗勒叶碎。最后用盐和胡椒调味。

素食意面酱

大师级意大利青酱

 15 分钟

 3~4 分钟

 4 人份

罗勒 1 把

松子仁 35 克

○ 将帕尔玛奶酪磨碎。将大蒜去皮，切成片。清洗罗勒。将腌朝鲜蓟切成小块。

○ 平底锅开小火，烤松子仁几分钟，时不时地翻动。

橄榄油 100 毫升

帕尔玛奶酪 35 克

○ 用搅拌机混合罗勒、松子仁、大蒜片、腌朝鲜蓟块、帕尔玛奶酪碎和橄榄油。混合均匀。最后用盐和胡椒调味。

○ 窍门：为了给青酱添加可口甜味，可加入松子仁。

大蒜半瓣

腌朝鲜蓟 30 克

素食意面酱

芝麻菜青酱

 15 分钟

 3~4 分钟

 4 人份

芝麻菜 50 克

松子仁 35 克

○ 将帕尔玛奶酪磨碎。将大蒜去皮，
切成片。

○ 平底锅开小火，烤松子仁几分钟，
时不时地翻动。

橄榄油 100 毫升

帕尔玛奶酪 35 克

○ 用搅拌机混合芝麻菜、松子仁、
大蒜片、帕尔玛奶酪碎和橄榄油。
混合均匀。最后用盐和胡椒调味。

○ 窍门：为了给青酱添加可口甜味，
可加入松子仁。

大蒜半瓣

素食意面酱

甜椒番茄酱

 25 分钟

15 分钟

☺ 4 人份

甜椒 1 个

圣女果 8 个

○ 清洗圣女果，去皮，并切成小块。
大蒜去皮，切成两半。清洗甜椒，
并将其切成小块。

大蒜 3 瓣

白糖 1 汤匙

○ 在平底锅里倒入橄榄油、圣女果
块、甜椒块、白糖和大蒜。煮至
沸腾后，再转小火继续煮 12~15
分钟。

○ 最后用盐和胡椒调味。

橄榄油少量

素食意面酱

烤茄子酱

🔪 15 分钟

🍲 10 分钟

☺ 4 人份

速冻烤茄子 250 克

大蒜半瓣

○ 清洗细香葱，并将其切成细末。大蒜去皮。

○ 平底锅开中火加热，倒入贝夏梅尔奶油酱，压榨大蒜汁并放入锅中。加入速冻烤茄子和 2 汤匙细香葱末。小火慢煮 10 分钟。用盐和胡椒调味。

○ 上桌时，撒上格鲁耶尔奶酪碎。

贝夏梅尔奶油酱
250 毫升

格鲁耶尔奶酪碎
少许

细香葱半把

甜菜根奶酪酱

 25 分钟

 13~15 分钟

 4 人份

煮熟的甜菜根 300 克

意大利香醋 1~2 汤匙

○ 煮熟的甜菜根切成小块。将洋葱
去皮,切成片。将帕尔玛奶酪擦
成碎片。按照包装上的说明,用
蔬菜汤料块准备蔬菜汤。

○ 将甜菜根块和 250 毫升蔬菜汤放
入搅拌机混合打成蔬菜泥。

蔬菜汤料块 1 块

帕尔玛奶酪 15 克

○ 平底锅开中火加热橄榄油,翻炒
洋葱片约 10 分钟。直到洋葱片
变软,呈金黄色为止。

○ 加入甜菜根泥、帕尔玛奶酪碎片
和意大利香醋。用小火加热 3 分
钟左右。最后用盐和胡椒调味。

洋葱 1 个

橄榄油少量

素食意面酱

西蓝花豌豆酱

 15 分钟

 5 分钟

 4 人份

西蓝花 350 克

鸡蛋黄 3 个

○ 清洗西蓝花，将其分成小朵。

○ 将 1 升水加盐，煮沸，放入西蓝花和速冻豌豆，煮大约 5 分钟，再将其捞出沥干。

○ 在一个大盘中，放入煮好、尚未变凉的意大利面和刚煮好的蔬菜。搅拌均匀。

格鲁耶尔奶酪碎 35 克

速冻豌豆 150 克

○ 倒入鸡蛋黄，细致地搅拌，再放入格鲁耶尔奶酪碎。最后用盐和胡椒调味。

芦笋鸡蛋酱

 15 分钟

 5 分钟

 4 人份

芦笋 1 捆

鸡蛋黄 3 个

帕尔玛奶酪 25 克

○ 将帕尔玛奶酪擦成碎片。

○ 清洗芦笋，去其根部。剥去芦笋外皮，直到顶部。将 1 升水煮至沸腾后，放入芦笋煮约 5 分钟。然后将芦笋捞出、沥干，再切成小段。

○ 在一个大盘中，放入煮好、尚未变凉的意大利面和芦笋段。搅拌均匀。

○ 倒入鸡蛋黄，细致地搅拌，再放入帕尔玛奶酪碎片。最后用胡椒调味。

素食意面酱

奶酪芥末酱

 15 分钟

 10 分钟

 4 人份

切达奶酪 75 克

鲜稠奶油 250 毫升

芥末酱 2 茶匙

细香葱半捆

○ 将细香葱清洗好，切成葱末。将切达奶酪大致擦成碎片。

○ 平底锅开中火加热，倒入鲜稠奶油和芥末酱，混合均匀。

○ 然后在锅中加入切达奶酪碎和 1~2 汤匙细香葱末。混合后，小火慢煮 5~7 分钟。最后用盐和胡椒调味。

奶酪芦笋酱

 15 分钟

 10 分钟

 4 人份

洛克福奶酪 100 克

芦笋 10 根

鲜稠奶油 200 毫升

○ 将芦笋去皮，在煮沸的水里焯水 5 分钟。然后捞出，沥干，放凉后，将芦笋切成小段，并完整保留芦笋尖。

○ 平底锅放入切成块的洛克福奶酪和鲜稠奶油。用中火加热并不停搅拌约 5 分钟，令奶酪和奶油融化混合在一起。最后加入芦笋段和胡椒。

素食意面酱

奶酪甜菜根酱

 25 分钟

 10 分钟

 4 人份

煮熟的甜菜根 300 克

蔬菜汤料块 1 块

○ 将煮熟的甜菜根和戈贡佐拉奶酪大致切成块。将大蒜去皮，切片。清洗欧芹，并将其切成碎末。按照包装上的说明，用汤料块准备蔬菜汤。

大蒜半瓣

戈贡佐拉奶酪 35 克

○ 将甜菜根块和 200 毫升蔬菜汤用搅拌机打碎混合。

○ 平底锅开小火，烤松子仁几分钟。

○ 另一个平底锅开中火加热，倒入蔬菜泥、戈贡佐拉奶酪块、大蒜片和欧芹碎，小火慢炖 5 分钟。然后加入松子仁，用盐和胡椒调味。

松子仁 20 克

欧芹 2 枝

西葫芦意大利青酱

 25 分钟

 15 分钟

 4 人份

意大利青酱 190 克

西葫芦 170 克

○ 清洗西葫芦，将其擦成丝。清洗欧芹，切成细末。清洗柠檬，皮剁碎。

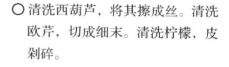

鲜稠奶油 200 毫升

欧芹 2 枝

○ 平底锅开小火加热，倒入意大利青酱和鲜稠奶油。搅拌几分钟。

○ 加入西葫芦丝和欧芹末。慢炖 8~10 分钟，并不时搅拌。

○ 撒上 1 茶匙柠檬皮碎末。用盐和胡椒调味。

柠檬半个

素食意面酱

牛肝菌贝夏梅尔奶油酱

 15 分钟

 10 分钟

 4 人份

速冻牛肝菌 150 克

贝夏梅尔奶油酱
200 毫升

○ 清洗欧芹，并将其大致切碎。

○ 平底煎锅开中火加热，放入速冻
牛肝菌和 50 毫升水。煮 5 分钟后，
加入贝夏梅尔奶油酱，并搅拌。
用盐和胡椒调味。上桌时，撒上
帕尔玛奶酪碎和欧芹碎。

帕尔玛奶酪 30 克

欧芹 2 枝

菠菜奶酪酱

 15 分钟

 7~9 分钟

 4 人份

胡椒味布尔森奶酪
150 克

菠菜苗 100 克

○ 清洗柠檬，剥去柠檬皮，皮剁碎。

○ 平底锅开中火加热，倒入鲜稠奶
油和胡椒味布尔森奶酪。搅拌，
并慢煮 3 分钟。

○ 然后放入菠菜苗，小火慢煮约 5
分钟。

○ 完成之际,加入 1~2 茶匙柠檬皮碎。

柠檬 1 个

鲜稠奶油 250 毫升

素食意面酱

芥末芝麻菜酱

 20 分钟

 10 分钟

 4 人份

芥末酱 1.5 茶匙

黄油 40 克

○ 将洋葱去皮，切块。清洗芝麻菜。

○ 平底锅开小火加热，融化切成片的黄油，将洋葱块炒软至半透明状。

○ 加入鲜稠奶油和芥末酱。混合均匀。加入芝麻菜。用盐和胡椒调味。最后再小火慢煮 3~5 分钟。

洋葱 1 个

鲜稠奶油 250 毫升

芝麻菜 2 把

含酒精的意面酱

啤酒牛肝菌酱

速冻牛肝菌 300 克

黄油 20 克

 20 分钟

 15 分钟

 4 人份

洋葱 1 个

棕啤酒 100 毫升

○ 洋葱去皮，切块。

○ 平底锅开小火加热，加入切片的黄油和洋葱块，待黄油融化，洋葱块变软至半透明状。

○ 倒入棕啤酒和速冻牛肝菌，用小火慢煮大约 15 分钟，直到 1/3 的液体蒸发。最后用盐和胡椒调味。

含酒精的意面酱

啤酒牛肉酱

 25 分钟

 15~18 分钟

 4 人份

牛肉 200 克

洋葱 1 个

○ 将洋葱去皮，切成小块。将牛肉切成大片，香料面包切成小块。按照包装上的说明，用浓缩牛肉汤准备汤底。

○ 平底锅开中火加热，倒入洋葱块和黄啤酒，煮 5 分钟。再加入 200 毫升牛肉汤、芥末酱和面包块。中火慢炖约 10 分钟。

○ 加入牛肉片，再用小火煮几分钟。最后用盐和胡椒调味。

浓缩牛肉汤 1 份

黄啤酒 100 毫升

芥末酱 1 茶匙　　　香料面包 2 片

含酒精的意面酱

啤酒韭葱酱

 25 分钟

 15 分钟

 4 人份

韭葱 250 克

大蒜 2 瓣

○ 清洗韭葱，并将其切碎。将大蒜去皮，切成薄片。

○ 平底锅开中火加热，倒入韭葱碎和黄啤酒。边加热边搅拌 5 分钟后，再加入大蒜片和百里香。再煮大约 10 分钟。

○ 上桌前，加入鲜稠奶油，再用小火煮几分钟。最后用盐和胡椒调味。

百里香 4 枝

鲜稠奶油 200 毫升

黄啤酒 100 毫升

伏特加番茄薄荷酱

 25 分钟

17~20 分钟

:) 4 人份

大蒜 2 瓣

番茄泥 800 克

○ 将大蒜去皮，切成两半。清洗薄荷叶，并将它们剪成细末。

○ 平底锅倒入橄榄油和大蒜，用小火加热。翻炒儿分钟。加入番茄泥，继续煮约 5 分钟，并有规律地搅拌。

伏特加 100 毫升

薄荷叶 15 片

○ 倒入伏特加和薄荷叶末，小火煮大约 10~12 分钟，不要盖上锅盖，让酒精最大限度地挥发。

○ 最后用盐和胡椒调味。

橄榄油少量

威士忌番茄罗勒酱

 25 分钟

 15 分钟

 4 人份

番茄泥 600 毫升

威士忌 60 毫升

椰奶 80 毫升

千禧果 150 克

○ 清洗千禧果。清洗罗勒叶，并把它们剪碎。

○ 平底锅倒入番茄泥、千禧果、白糖、椰奶和威士忌。用小火慢煮 15 分钟。

○ 加入罗勒叶碎。用盐和胡椒调味。

罗勒叶 15 片

白糖 1~2 茶匙

含酒精的意面酱

威士忌南瓜酱

 25 分钟

 15～18 分钟

 4 人份

速冻南瓜块 500 克

威士忌 30 毫升

○ 清洗欧芹，并将其切成碎末。大蒜去皮，切成两半。

○ 平底锅开中火加热，倒入 200 毫升水、速冻南瓜块和大蒜。煮约 10 分钟，并不时搅动。

○ 加入威士忌，混合均匀。再放入莳萝粉和欧芹碎。用小火煮约 5 分钟。最后用盐和胡椒调味。

欧芹 2 枝

莳萝粉 1 茶匙

大蒜 3 瓣

含酒精的意面酱

波尔图酒香肠酱

 25 分钟

 15 分钟

 4 人份

波尔图酒 100 毫升

西班牙辣味小香肠
70 克

洋葱 1 个

鲜稠奶油 250 毫升

○ 将西班牙辣味小香肠切成小圆
片。洋葱去皮，切碎。

○ 平底锅开中火加热，翻炒洋葱碎、
西班牙辣味小香肠片和 20 毫升
水。洋葱碎炒至半透明状即可。
加入波尔图酒，然后以微微沸腾
的状态煮约 8 分钟，直到挥发掉
1/3 的液体。

○ 加入鲜稠奶油，用小火煮几分钟，
不时搅动。最后用盐和胡椒调味。

波尔图酒甜瓜酱

 25 分钟

 15 分钟

 4 人份

甜瓜 1 千克

波尔图酒 30 毫升

○ 将甜瓜一分为二，去瓤，去皮，将瓜肉切成小块。清洗欧芹，并将其切成碎末。大蒜去皮，压成蒜泥。

大蒜半瓣

欧芹 1~2 枝

○ 平底锅开中火加热，倒入 50 毫升水、波尔图酒、压好的蒜泥和甜瓜块。慢煮 12~15 分钟。

○ 出锅前，加入欧芹碎。用盐和胡椒调味。

含酒精的意面酱

波尔图酒蘑菇酱

🔪 25 分钟

🥘 20 分钟

☺ 4 人份

蘑菇 300 克
（新鲜或速冻的）

波尔图酒 100 毫升

○ 清洗欧芹，并将其切碎。

○ 平底锅开中火翻炒肥肉丁，变成
金黄色后，捞出待用。

○ 平底锅开中火加热，倒入波尔图
酒和蘑菇，煮 12~15 分钟，不时
翻搅。加入鲜稠奶油，并搅动。
放入肥肉丁，一起再煮 5 分钟。

○ 撒上欧芹碎。用盐和胡椒调味。

肥肉丁 150 克

欧芹 2~3 枝

鲜稠奶油 250 毫升

茴香酒虾酱

 25 分钟

 15 分钟

☺ 4 人份

茴香酒 80 毫升

大虾 8 只

○ 洋葱去皮，切片。清洗茴香根，去除内部的根，然后切成薄片。

○ 平底锅开中火加热，翻搅加热洋葱片、茴香酒和 30 毫升水。洋葱片炒至半透明状后，加入大虾，继续用中火加热，翻搅。然后将大虾取出，去掉虾皮。

洋葱 1 个

鲜稠奶油 250 毫升

○ 将茴香根片放入平底锅，开中火翻炒 5 分钟。加入鲜稠奶油，并不时搅动。最后放入大虾，用盐和胡椒调味。

茴香根 1 个

异域风味意面酱

印度咖喱鸡肉酱

 25 分钟

 15 分钟

 4 人份

鸡肉 300 克

蒂卡马萨拉酱 350 克

希腊酸奶 1 盒

甜椒 1 个

香菜 2 枝

橄榄油少量

○ 清洗香菜，将其切碎。清洗甜椒，将其切成小片。

○ 把鸡肉切成小块。

○ 平底锅开中火加热，倒入橄榄油和鸡肉块，翻炒。倒入蒂卡马萨拉酱，并搅动。再加入甜椒片，小火慢煮 12~15 分钟。

○ 上桌前，倒入希腊酸奶和香菜碎，再小火煮 3 分钟。最后用盐和胡椒调味。

异域风味意面酱

姜黄鸡肉酱

 25 分钟

 15 分钟

 4 人份

鸡肉 300 克

希腊酸奶 2 盒

洋葱 1 个

姜黄粉 1 茶匙

莳萝子 2 茶匙

细香葱半把

○ 清洗细香葱，将其切碎。将洋葱去皮，切成小块。将鸡肉切成小块。

○ 平底锅开小火加热，倒入 30 毫升水、洋葱块、姜黄粉和莳萝子。搅动几分钟。

○ 加入鸡肉块，用中火煮几分钟。

○ 倒入希腊酸奶和 1~2 汤匙细香葱碎，用小火煮 8~10 分钟，不时搅动。最后用盐和胡椒调味。

异域风味意面酱

胡萝卜番茄酱

 35 分钟

 20~25 分钟

 4 人份

胡萝卜 350 克

生姜 15 克

○ 将生姜去皮，切成小块。将胡萝卜去皮，切成小块。将圣女果去皮，切成小块。

圣女果 3 个

红辣椒粉半茶匙

○ 平底锅开中火加热，放入胡萝卜块和 200 毫升水，微沸状态煮10~12 分钟。

○ 加入圣女果块、生姜块、红辣椒粉、苹果醋、槭树糖浆和盐。小火煮 12 分钟，搅拌，最后要混合均匀。如果需要的话，可以加入少许水。

苹果醋 3 汤匙

槭树糖浆 15 毫升

异域风味意面酱

印度酱

 20 分钟

 8~10 分钟

 4 人份

菠菜 150 克

里科塔奶酪 250 克

咖喱粉 1~2 茶匙

松子仁 50 克

○ 清洗菠菜叶。

○ 平底煎锅开中火加热，烘烤松子仁大约 3 分钟。

○ 平底锅开中火加热，将菠菜叶放在 100 毫升水里，煮沸，同时搅动。倒入咖喱粉和里科塔奶酪。用小火煮 5 分钟。

○ 即将出锅时，放入松子仁，用盐和胡椒调味。如果酱汁太浓稠，就加一点儿水。

南瓜椰子酱

 20 分钟

 15 分钟

 4 人份

速冻南瓜块 200 克

圣女果 8 个

○ 清洗香菜，将其剪碎。将圣女果清洗、去皮，切成小块。

○ 平底锅倒入圣女果块，煮沸，再加入速冻南瓜块和五香粉。微沸状态煮 12~15 分钟。

椰片 25 克

香菜 2 枝

○ 大号煎锅开中火加热，烘烤椰片 3~5 分钟，不停翻动。将椰片倒入平底锅里，加入香菜碎，重新混合搅拌。

五香粉 1 茶匙

异域风味意面酱

杧果咖喱酱

 25 分钟

 15 分钟

 4 人份

大个熟透的杧果 2 个

洋葱 1 个

中辣红辣椒 1 个

黄咖喱粉 1 茶匙

○ 将杧果一切为二，剔下果肉，切成小块。将洋葱去皮，切小块。清洗红辣椒，并将其切成薄片。

○ 平底锅开中火加热，倒入橄榄油、洋葱块和黄咖喱粉。加热几分钟，洋葱块变得半透明后，加入 100 毫升水、红辣椒片和杧果块。小火慢煮 12~15 分钟。

○ 即将出锅时，用盐和胡椒调味。

橄榄油少量

金枪鱼芥末酱

 15 分钟

 10 分钟

 4 人份

金枪鱼罐头 1 盒

鲜稠奶油 250 毫升

○ 清洗细香葱，将其切成末。将帕尔玛奶酪擦成碎片。

○ 平底锅开中火加热，倒入鲜稠奶油和芥末酱。搅拌均匀后，加入弄碎的金枪鱼。小火慢煮大约 5 分钟。

芥末酱 2 汤匙

细香葱 1 把

○ 放入 3 汤匙细香葱末。加入盐和胡椒，搅拌。

○ 上桌前，在表面撒上帕尔玛奶酪碎。

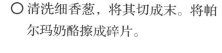

帕尔玛奶酪 10 克

海鲜意面酱

金枪鱼番茄罗勒酱

 25 分钟

 15 分钟

 4 人份

圣女果 10 个

金枪鱼罐头 2 盒

○ 清洗圣女果，用刀将其去皮，切成小块。清洗罗勒叶，保留几片完整叶片后，将其余叶片剪碎。

液体鲜奶油 50 毫升

番茄沙司 70 毫升

○ 平底锅开中火加热，倒入圣女果块、液体鲜奶油和罗勒叶碎，混合均匀。然后加入弄碎的金枪鱼和番茄沙司。小火煮 12~15 分钟。

○ 用盐和胡椒调味，最后撒上罗勒叶片。

罗勒叶 20 片

金枪鱼青柠酱

 15 分钟

 7～9 分钟

 4 人份

金枪鱼罐头 1 盒

椰奶 250 毫升

○ 清洗红辣椒，并将其切成片。清洗青柠檬，将其切成 4 份。大蒜去皮，用压蒜器压成蒜末。

青柠檬 1 个

大蒜半瓣

○ 平底锅开中火加热，倒入椰奶、蒜末和红辣椒片，搅拌均匀。然后加入大致弄碎的金枪鱼、1 份青柠檬的柠檬汁，搅动，小火煮 5 分钟。

○ 用盐和胡椒调味，根据口味，加入柠檬汁和 1 份青柠檬。

中辣红辣椒 2 个

海鲜意面酱

鳀鱼朝鲜蓟酱

🔪 15 分钟

🍲 拌匀即可

☺ 4 人份

鳀鱼罐头 2 盒

速冻朝鲜蓟芯 300 克

○ 根据外包装上的说明，解冻速冻朝鲜蓟芯。将朝鲜蓟芯切成小块。根据蔬菜汤料块外包装上的说明，制作蔬菜汤。

蔬菜汤料块 1 块

欧芹 2 枝

○ 将一半朝鲜蓟芯块和 100 毫升蔬菜汤放入搅拌机里搅拌，然后再加入剩下半份朝鲜蓟芯块、切碎的欧芹和鳀鱼，再次搅拌，直至搅拌均匀。加入胡椒调味。

海鲜意面酱

韭葱鳀鱼酱

韭葱 200 克

鳀鱼罐头 2 盒

 25 分钟

 15 分钟

😊 4 人份

○ 清洗韭葱，切碎，然后再用清水
  冲洗一次。

○ 平底锅开中火加热，放入韭葱碎
  和切成片的黄油，搅拌 5 分钟，
  加入白葡萄酒和鳀鱼。煮 8~10
  分钟。需要挥发掉 1/3 的液体。

黄油 40 克

鲜稠奶油 250 毫升

○ 上桌前，加入鲜稠奶油，再用
  小火慢煮几分钟。最后加入胡椒
  调味。

白葡萄酒 150 毫升

沙丁鱼红咖喱酱

 20 分钟

 10 分钟

☺ 4 人份

油浸沙丁鱼罐头 1 盒

红咖喱酱 2 汤匙

○ 取出沙丁鱼鱼骨。根据口味，决定是否去除鱼皮。

○ 将青柠檬切为两半。清洗甜椒，将其切成两半，去籽，然后切成薄片。

青柠檬 1 个

椰奶 250 毫升

○ 平底锅里倒入红咖喱酱和椰奶，开中火加热。混合均匀。加入沙丁鱼、甜椒片，挤入半个青柠檬的果汁。然后慢煮大约 10 分钟。

○ 最后再根据口味，加入柠檬汁、青柠檬片和胡椒调味。

甜椒 1 个

海鲜意面酱

鲭鱼芥末酱

 15 分钟

 5 分钟

 4 人份

油浸鲭鱼罐头 1 盒

虹鳟鱼鱼子酱 2 汤匙

○ 将鲭鱼从罐头里取出后切片。根据口味，决定是否去掉鱼皮。将莳萝清洗并剪碎。

鲜稠奶油 250 毫升

芥末酱 1.5 汤匙

○ 平底锅开小火加热，倒入芥末酱和鲜稠奶油，搅拌。加入鲭鱼鱼片、胡椒和 1~2 汤匙莳萝碎，混合，慢煮 4~5 分钟。

○ 即将完成时，在锅里倒入虹鳟鱼鱼子酱，小心搅拌，尽量不要搅碎鱼子。

莳萝 4 枝

海鲜意面酱

莳萝三文鱼酱

 15 分钟

 7~9 分钟

 4 人份

烟熏三文鱼 4 片

菠菜叶 100 克

○ 将帕尔玛奶酪擦碎。将莳萝洗净，
大致切碎。将烟熏三文鱼切成中
等大小的小段。

鸡蛋黄 3 个

帕尔玛奶酪 25 克

○ 平底锅开中火加热，倒入煮熟温
热的面条、菠菜叶和莳萝碎。搅
拌均匀后，关火。

○ 上桌时，倒入鸡蛋黄，和面条一
起小心地搅拌。摆上三文鱼段，
然后在表面撒上帕尔玛奶酪碎。
最后，用盐和胡椒调味。

莳萝 3 枝

红辣椒三文鱼酱

 15 分钟

 8~10 分钟

 4 人份

烟熏三文鱼 2 大片

鲜稠奶油 250 毫升

○ 将龙蒿洗净。将中辣红辣椒洗净，一切为二，去籽，然后切成小圆片。将烟熏三文鱼切成大片。

○ 平底锅开中火加热，倒入鲜稠奶油、龙蒿叶和中辣红辣椒片。加热几分钟。然后加入烟熏三文鱼片，用小火慢煮 5 分钟，不时搅动。

○ 用盐和胡椒调味。上桌时，撒上格鲁耶尔奶酪碎。

中辣红辣椒 1~2 个

龙蒿 2 枝

格鲁耶尔奶酪碎 60 克

海鲜意面酱

白葡萄酒对虾酱

 30 分钟

 15～18 分钟

 4 人份

对虾 20 只

黄油 40 克

○ 将洋葱去皮，切碎。将细香葱洗净，切碎。

○ 平底锅开小火加热，将洋葱在事先切成片的黄油里来回翻炒 5 分钟。再倒入白葡萄酒，小火慢煮 6～8 分钟，直到挥发完 1/3 的白葡萄酒。

鲜稠奶油 150 毫升

白葡萄酒 200 毫升

○ 倒入鲜稠奶油，搅拌，加入对虾和 3 汤匙细香葱末。小火慢煮 4～6 分钟。

细香葱 1 小把

洋葱 1 个

海鲜意面酱

咖喱对虾酱

 25 分钟

 15~17 分钟

 4 人份

对虾 15 只

番茄罐头 400 克

○ 将薄荷叶清洗干净，并剪碎。将番茄粗略切块。

○ 平底锅开中火加热，加入番茄块、黄咖喱和莳萝子，慢煮 10~12 分钟。然后倒入 100 毫升希腊酸奶，并搅动。加入对虾，小火慢煮 5~7 分钟。

希腊酸奶 100 毫升

黄咖喱 1.5 茶匙

○ 最后撒上薄荷叶碎。用盐和胡椒调味。

莳萝子 1.5 茶匙

薄荷叶 15 片

酸奶对虾酱

 15 分钟

 拌匀即可

 4 人份

对虾 100 克

希腊酸奶 2 盒

○ 将对虾纵向对半切开。压榨柠檬汁。清洗薄荷叶。大蒜去皮，切末。

○ 在碗里倒入希腊酸奶，加入 1~2 汤匙柠檬汁、蒜末和薄荷叶。搅拌均匀。

○ 放入对虾，用盐和胡椒调味。

大蒜半瓣

薄荷叶 10 片

柠檬 1 个

海鲜意面酱

番红花扇贝酱

 25 分钟

 10~15 分钟

 4 人份

速冻扇贝 200 克

鲜稠奶油 250 毫升

○ 清洗细香葱，并将其切碎。将帕尔玛奶酪擦碎。

○ 平底锅开中火加热，倒入鲜稠奶油、番红花粉和帕尔玛奶酪碎。加热几分钟后，放入速冻扇贝和2汤匙细香葱碎。小火慢煮10分钟，并不时搅动。

番红花粉 1 份（1 克）

细香葱半小把

○ 最后用盐和胡椒调味。

帕尔玛奶酪 15 克

香肠文蛤酱

 20 分钟

 15 分钟

😊 4 人份

文蛤或蚶子 500 克

西班牙辣味小香肠 60 克

○ 将洋葱去皮，切成薄片。将西班牙辣味小香肠切成小片。

○ 清洗文蛤。平底锅将 1 升水烧开后，放入文蛤。煮 5~7 分钟，然后用漏勺将文蛤捞出。

洋葱 1 个

鲜稠奶油 250 毫升

○ 平底锅开小火加热，将洋葱片在黄油里翻炒 5 分钟。加入白葡萄酒，继续加热，直到挥发掉锅里 1/3 的液体。

○ 倒入鲜稠奶油、文蛤和西班牙辣味小香肠片。用小火沸煮大约 4 分钟。

白葡萄酒 150 毫升

黄油 40 克

海鲜意面酱

番茄文蛤酱

 30 分钟

 15~20 分钟

 4 人份

文蛤或蚶子 400 克

千禧果 14 个

○ 清洗文蛤和千禧果。将洋葱去皮，切薄片。

○ 平底锅将 1 升水烧开后，放入文蛤。煮 5~7 分钟，然后用漏勺将文蛤捞出。

洋葱 1 个

鲜稠奶油 200 毫升

○ 平底锅开小火加热，将洋葱片在黄油里翻炒 5 分钟。加入白葡萄酒，小火慢煮 6~7 分钟，直到挥发掉 1/3 的葡萄酒。

○ 倒入鲜稠奶油，放入千禧果和文蛤。用小火慢煮大约 4~6 分钟。

白葡萄酒 200 毫升

黄油 40 克

海鲜意面酱

蒜味墨鱼酱

 10 分钟

 5 分钟

 4 人份

黄油 80 克

欧芹 2~3 枝

○ 将腌制墨鱼从包装里取出。清洗欧芹,并剪碎。将大蒜去皮。

○ 平底锅开小火加热,融化事先切成片的黄油。将大蒜压成末直接撒在锅里,放入腌制墨鱼和欧芹碎。用木勺混合搅拌。让香气互相渗透 3~5 分钟。

大蒜 1 瓣

腌制墨鱼 200 克

○ 加入面条和莫泽雷勒奶酪球。最后用盐和胡椒调味。

莫泽雷勒奶酪球 10 个

南瓜椰子肉丁酱

 20 分钟

 15 分钟

 4 人份

速冻南瓜块 460 克

埃斯普莱特辣椒粉
半茶匙

○ 清洗并切碎欧芹。

○ 煎锅开中火加热，翻炒肥肉丁，
直至酥脆。留用。

肥肉丁 120 克

欧芹 2 枝

○ 平底锅开中火加热，倒入 60 毫
升水和速冻南瓜块。煮 10 分钟，
并不时搅动。倒入椰奶，混合。
加入埃斯普莱特辣椒粉和肥肉
丁。开小火继续加热 5 分钟。

○ 最后撒上欧芹碎，用盐和胡椒
调味。

椰奶 130 毫升

牛油果冷酱

 25 分钟

 拌匀即可

 4 人份

大个牛油果 4 个

柠檬 1 个

○ 将牛油果切成两半，去核，取出果肉，将其切成小块。榨柠檬汁。将大蒜去皮，切末。

○ 将牛油果块、2 汤匙柠檬汁、黄咖喱粉、芝麻酱、蒜末和辣椒粉用搅拌机混合在一起，直到均匀。

○ 最后，用盐和胡椒调味。

芝麻酱 2 汤匙

黄咖喱 1 茶匙

大蒜半瓣

辣椒粉半茶匙

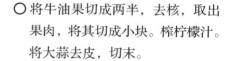

挑战级意面酱

豆腐花生酱

 25 分钟

 15~18 分钟

 4 人份

原味豆腐 200 克

椰奶 250 毫升

○ 将原味豆腐切成小块。把花生仁
　粗略碾碎。

○ 平底锅开中火加热，倒入椰奶、
　黄咖喱粉和辣酱油。混合加热几
　分钟。

○ 放入原味豆腐块和花生仁碎。用
　小火慢煮 5~7 分钟。

○ 用盐和胡椒调味。

花生仁 30 克

辣酱油 2~3 茶匙

黄咖喱粉 1 茶匙

橙子莳萝子南瓜酱

 20 分钟

 12~15 分钟

 4 人份

大个橙子 1 个

速冻南瓜块 400 克

○ 橙子榨汁。大蒜去皮。

○ 平底锅开中火加热，倒入橙汁和速冻南瓜块。慢火煮 7~10 分钟，不时搅拌。将大蒜压成蒜末，直接倒入锅里，再加入莳萝子和椰奶。继续加热 3~5 分钟。

○ 上桌前，用盐和胡椒调味。

大蒜半瓣

莳萝子半茶匙

椰奶 150 毫升

挑战级意面酱

菜花香肠酱

 25 分钟

 15~18 分钟

☺ 4 人份

芥末酱 2 茶匙

菜花 250 克

○ 将蒙贝利亚尔香肠切片。根据个人口味，决定是否去掉肠衣。清洗菜花，并将其切成小朵。将帕尔玛奶酪擦碎。

鲜稠奶油 250 毫升

帕尔玛奶酪 20 克

○ 平底锅开中火加热，烧开 200 毫升水，加入菜花煮 10 分钟。将水倒掉，把菜花沥干，然后将菜花再次放入锅里。

○ 加入鲜稠奶油、帕尔玛奶酪碎、蒙贝利亚尔香肠片和芥末酱，混合。再用小火慢煮 5~8 分钟。最后用盐和胡椒调味。

蒙贝利亚尔香肠 160 克

配料索引

143

图书在版编目（CIP）数据

意大利面酱 / （法）阿娜伊斯·沙博著 ；（法）里夏尔·布坦摄影 ；李悦译. — 北京 ：北京美术摄影出版社，2018.12
（超级简单）
书名原文：Super Facile Bolo
ISBN 978-7-5592-0177-5

Ⅰ. ①意… Ⅱ. ①阿… ②里… ③李… Ⅲ. ①面条—食谱—意大利 Ⅳ. ①TS972.132

中国版本图书馆CIP数据核字(2018)第211701号
北京市版权局著作权合同登记号：01-2018-2838

责任编辑：董维东
助理编辑：杨 洁
责任印制：彭军芳

超级简单
意大利面酱
YIDALIMIAN JIANG

［法］阿娜伊斯·沙博 著

［法］里夏尔·布坦 摄影

李悦 译

出 版 北京出版集团公司
　　　　北京美术摄影出版社
地 址 北京北三环中路 6 号
邮 编 100120
网 址 www.bph.com.cn
总发行 北京出版集团公司
发 行 京版北美（北京）文化艺术传媒有限公司
经 销 新华书店
印 刷 鸿博昊天科技有限公司
版印次 2018 年 12 月第 1 版第 1 次印刷
开 本 635 毫米 × 965 毫米 1/32
印 张 4.5
字 数 50 千字
书 号 ISBN 978-7-5592-0177-5
定 价 59.00 元
如有印装质量问题，由本社负责调换
质量监督电话 010-58572393